U0109044

揚州八怪

# 鄭板橋

曾孜榮　主編／徐芸芸　著

中華教育

揚州八怪
# 鄭板橋

曾孜榮 主編／ 徐芸芸 著

責任編輯：王 玫
裝幀設計：李洛霖 鄧佩儀
排 版：李洛霖 龐雅美
印 務：劉漢舉

出版
中華教育
香港北角英皇道 499 號北角工業大廈 1 樓 B
電話：(852) 2137 2338　傳真：(852) 2713 8202
電子郵件：info@chunghwabook.com.hk
網址：http://www.chunghwabook.com.hk

發行
香港聯合書刊物流有限公司
香港新界荃灣德士古道 220-248 號荃灣工業中心 16 樓
電話：(852) 2150 2100　傳真：(852) 2407 3062
電子郵件：info@suplogistics.com.hk

印刷
深圳市彩之欣印刷有限公司
深圳市福田區八卦二路 526 棟 4 層

版次
2021 年 1 月第 1 版第 1 次印刷
©2021 中華教育

規格
12 開（240mm x 230mm）

ISBN
978-988-8676-15-6

# 目　錄

春弘仁寓
東湖上寄
居士

# 第一章

# 復古！復古！

明朝末年，時局動盪，戰亂不斷，最後清軍入關，建立了清朝。從這時開始，陸續出現了一大批至今影響巨大的傑出畫家，中國畫變得更有趣、更有個性了。

# 摹古「四王」

經過多年艱苦鏖戰，清朝取代了明朝，統一了全國。為了維護國家的社會穩定，清朝統治者選擇了與中原文化融合發展的策略。相應地，在清初畫壇，最為流行並且被官方認可的，就是學習傳統宋元名家筆法的復古之風了。

要說遵循摹古畫風的畫家，最著名的當數宮廷畫家王時敏、王鑒、王翬（粵：輝｜普：huī）、王原祁四位。因為他們都姓王，就被大家簡稱為「四王」。除了姓氏相同，他們還都家學深厚，家中多有擅長書畫的長輩，這讓他們有充分的條件去欣賞和借鑒傳統山水畫的立意、佈局、色彩、技法……而最受他們歡迎的就是明代大宗師董其昌和畫出傳世名畫《富春山居圖》的「元四家」之一黃公望了。

在當時文化氛圍的影響下，北方「四王」不遺餘力地復古，甚至反對創新，認為太多的新意會讓藝術走入不可挽救的境地，在他們看來，這是很不負責的、相當危險的事情。現在看來，這多少有些固執了。

《杜甫詩意圖冊》之《山村春色》　清代　王時敏
39cm×25.5cm　故宮博物院藏

《仿王蒙山水圖》　清代　王翬
103cm×43cm　天津博物館藏

▶

《仿王蒙山水圖》局部

# 大膽創新的僧人

《芝易東湖圖》局部　清代　弘仁　美國波士頓美術館藏

古今中外，文化藝術從不會因為一種力量的鼓勵或壓制，而呈現出單一的色彩，繪畫當然也是這樣。既然有端莊矜持的，相應地也就有別具一格的。就在「四王」的復古風盛行京城的時候，江南地區又出現了一批富有個性的畫家。讓我們先記住這幾人的名字──石濤、八大山人、髡（粵：坤｜普：kūn）殘、弘仁。與推崇復古的「四王」不同，這幾個人脫凡超逸，他們提倡畫出自我，用大膽的創作突破摹古的局限。像「四王」的簡稱一樣，由於這四人都出家為僧了，人們根據這一特點稱呼他們為「四僧」。

石濤和八大山人都是明代皇室的後人，明亡後無家可歸；髡殘和弘仁則家境貧困，於明末清初的亂世中只得落髮為僧。他們雲遊四方，見識了廣闊天地的山山水水，筆下便有了不同於復古「四王」的自然意趣。

《搜盡奇峰打草稿》局部　清代　石濤　故宮博物院藏

# 揚州畫派

在很早以前，中原地區要比南方富庶得多。但是自隋唐以來，揚州一帶就成了全國最富裕的地區。經歷了明末清初的戰亂，到了康熙、雍正、乾隆時期，揚州再度迎來繁華。揚州的富商熱愛江南的山水、園林、建築，還極其熱衷於藝術品收藏。他們走南闖北，見多識廣，除了傳統書畫，有個性、有風格的藝術作品也非常受他們喜愛，很多有才華的藝術家也因此聚集在揚州，以至於當時有「海內名士，半在淮揚」的說法。

《富貴清高圖》局部　清代　高鳳翰　安徽省博物館藏

揚州畫派畫家筆下，常有文人畫趣味，平常的蘆葦也搖曳多姿，富貴的牡丹也有了幾分清雅。

「四僧」之一的石濤晚年就住在揚州，他就像是一塊富有魔力的磁鐵，吸引了大批追隨者，這些追隨者進而形成了一個畫派，那就是大名鼎鼎的揚州畫派。

揚州畫派的藝術家出身不同，畫風各異，卻有很多共通之處。由於清朝初年政府曾大興文字獄，這些藝術家對社會現實不滿意，但又不能說出來，只好通過畫筆來抒發心裏的不平之氣。書畫成了他們表達自我情感的工具，這讓他們的作品極富個性，不求寫實而強調「寫神」，與規矩正統的「四王」摹古風迥然不同。

揚州畫派中，有八位個性最為突出的畫家，被大家稱作「揚州八怪」，而其中名望最高、影響最深遠者，當屬本書的主角鄭板橋了。

《蘆雁圖》　清代　邊壽民
128.7cm×49.1cm　故宮博物院藏

## 第二章

# 蘭竹石與君子

鄭板橋官運不太好，幾乎是潦倒一生。晚年辭官，落腳揚州。他官當得不大，詩文書畫上卻取得了很大的成就，因此成為一代方家。鄭板橋的作品中，常見竹、蘭、石三種事物，下面，我們就從他最經典的作品開始，認識這位畫「怪」畫、寫「怪」字的藝術家。

# 木板橋旁的一家

我們先從鄭板橋的老家說起。在江蘇興化縣城的東門外，護城河上有一座普普通通的木板橋，這座木橋因為鄭板橋而變得十分出名，倒成了一處景點。

鄭板橋本名叫鄭燮（粵：泄｜普：xiè），字克柔，出生在康熙三十二年（1693年）。當時的興化，有三戶姓鄭的人家，一戶打鐵的被稱為「鐵鄭」，一戶賣糖的被稱為「糖鄭」，而鄭燮家因為挨着那座木板橋，就被稱作「板橋鄭」。這跟我們現在看到的一些老字號的叫法是相同的。後來，「板橋」成了鄭燮的名號，比本名還更為大家所熟知！

板橋鄭家明代時搬遷到這裏，到鄭板橋時已歷經了十四代。鄭家祖上雖不富裕，倒也生活無憂，也曾出過秀才，還有人做過小官。但到鄭板橋出生時，家境已經比較艱難了，全靠父親鄭立庵教書養活一家人，生活十分拮据。鄭板橋三四歲時，生母去世，他得到乳母費氏的悉心照顧。在父親和博學多才的外祖父汪翊文的培養下，他幼承家學，打小熟讀詩文經史，像那時所有的讀書人一樣，希望能夠通過科舉考試謀個一官半職，讓自己的才能惠及天下百姓。

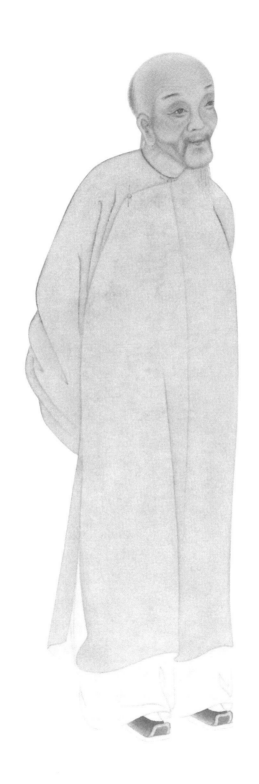

《鄭板橋着色像》　清代　葉衍蘭　藏地不詳

# 咬定青山不放鬆

　　鄭板橋的官運不是那麼順暢，他二十多歲時考中秀才，直到近四十歲才中進士，之後就是漫長的等待，一直等了將近十年，滿頭花白了才盼到一紙任令，北上山東做知縣。鄭板橋是個名聲在外的好官，很受百姓愛戴，可也因為得罪了不少富人而一再被排擠。十年過去，他看透官場黑暗，心灰意冷，於是索性辭官，在揚州、興化一帶與朋友們書畫往來，詩酒唱和，樂得其所，直到七十二歲去世。

　　說鄭板橋「怪」，到底怪在何處呢？我們先來看看他最擅長畫的題材，那就是竹子、蘭草和石頭。其實這是文人畫裏常見的事物，實在稱不上怪，可鄭板橋偏偏只愛畫蘭、竹、石，其他文人花鳥畫裏常見的，比如松、菊、梅等，很少能在他的畫裏見到。為甚麼愛畫蘭、竹、石呢？他是這樣解釋的：「四時不謝之蘭，百節長青之竹，萬古不敗之石。」這三種東西都具備「有節有香有骨」的高貴品格，才讓鄭板橋對它們情有獨鍾。

《蘭竹荊棘圖》　清代　鄭板橋
178cm×110.3cm　常州市博物館藏

這幅非常知名的《竹石圖》最能說明這一問題。畫面上有三兩枝瘦勁的竹子從石縫中挺然而立，着墨不多，看似簡單隨意，旁邊題字道破了畫家的用意：「咬定青山不放鬆，立根原在亂崖中。千磨萬折還堅勁，任爾東西南北風。」這是鄭板橋被後人傳誦最廣的一首詩，借竹子表達了一個有傲骨、有傲氣的文人對高風亮節的永恆追求。

《竹石圖》 題跋

《竹石圖》　清代　鄭板橋　231.7cm×58cm　炎黃藝術館藏

# 棘中之蘭

鄭板橋偏好蘭花，經常畫空谷幽蘭。他認為蘭花本是山中草，長在青山綠水之間，不爭不搶，無論外面怎麼喧囂，都安靜自在地躲在一個角落裏散播幽香。就像他在一幅畫上題寫的：「轉過青山又一山，幽蘭藏躲路迴環。眾香國裏誰能到，容我書獃屋半間。」

鄭板橋畫蘭也有一「怪」，他常常把蘭草和荊棘畫在一起，長卷《荊棘叢蘭圖》就是這樣一幅經典畫作。畫中的蘭草生長在荊棘石縫間，枝葉穿插，

《荊棘叢蘭圖》局部　清代　鄭板橋　南京博物院藏

雜而不亂。整幅畫疏密相間，濃淡適宜，用平淡從容的筆墨呈現蘭竹的高潔氣質。他在題跋中寫道：「滿幅皆君子，其後以荊棘終之何也？蓋君子能容納小人，無小人亦不能成君子，故棘中之蘭，其花更碩茂矣。」蘭草看來柔弱，實則堅韌，他將蘭草比作君子，將荊棘比作小人，有容人之度，能海納百川、包容萬象才可稱為「君子」。這也是他對社會和生活的感悟吧！

《蘭花圖冊》之一　清代　鄭板橋　18.5cm×13.8cm　安徽省博物館藏

《荊棘叢蘭圖》局部

# 最愛醜石

《柱石圖》　清代　鄭板橋
160.1cm×51.5cm　南京博物院藏

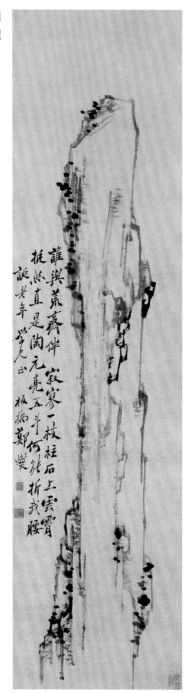

　　說了竹和蘭，接下來再說石。無論是為文、當官還是畫畫，鄭板橋都深受北宋大文豪蘇東坡的影響。蘇東坡曾用「醜」來讚美石頭千姿百態的美，鄭板橋畫石頭，同樣鍾情於醜石。他常用簡勁的線條勾勒出堅硬的瘦石輪廓，邊角鮮明，雄渾大氣，而那些玲瓏剔透、備受皇室喜愛的太湖石則很少出現在他的作品裏。

　　在鄭板橋筆下，本來沒有生命的石頭也有了獨特的品格。之前，畫家們筆下的石頭多是作為畫面的配角出現的，而鄭板橋筆下的石頭突兀挺立，儼然成為畫面的主角。看似簡單，其實鄭板橋也賦予了這些石頭不同的精神象徵。在一幅《柱石圖》上，鄭板橋題詩道：「一卷柱石欲擎天，體自尊崇勢自偏。卻是武鄉侯氣象，側身謹慎幾多年。」他將石頭看作蜀國丞相諸葛亮，讚美「鞠躬盡瘁，死而後已」的精神。

　　而另一幅《柱石圖》中，石峰則筆直挺立，直衝雲霄，畫上題寫了一首七言詩：「誰與荒齋伴寂寥，一枝柱石上雲霄，挺然直是陶元亮，五斗何能折我腰。」陶元亮就是陶淵明，用堅挺的石頭讚美陶淵明清高剛直的品性，而「五斗何能折我腰」講的就是鄭板橋自己了。

《貓石圖》局部　清代　八大山人　故宮博物院藏

《十萬圖冊》之《萬點清蓮》局部　清代　任熊　故宮博物院藏

《山水冊》其一 局部　清代　弘仁　上海博物館藏

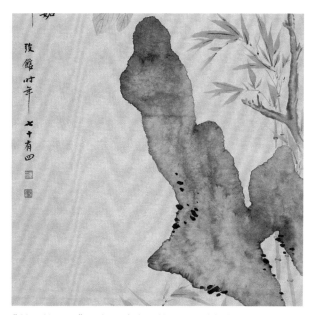

《牡丹竹石圖》局部　清代　華喦　天津博物館藏

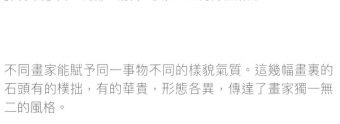

不同畫家能賦予同一事物不同的樣貌氣質。這幾幅畫裏的
石頭有的樸拙，有的華貴，形態各異，傳達了畫家獨一無
二的風格。

# 第三章

## 怪在哪裏？

當時，「揚州八怪」被復古的主流畫家們認為不會工筆，難畫山水，只是隨便地塗抹幾筆，寫些歪字而已，上不了台面。但在後世看來，「怪」則多了幾分與世相爭、革故鼎新之意，是難能可貴的突破創新。我們就來看看鄭板橋的「怪」有哪些特別之處。

# 胸無成竹

大多數人都知道「胸有成竹」這個成語，它來自宋代大畫家文同。文同喜歡畫墨竹，他有一個流傳很廣的觀點，是說畫竹要先「胸有成竹」，心裏預先有了竹子的形象，下筆才能畫出來。這一觀點被後代的藝術家推崇備至。到了鄭板橋這裏，他反而提出了「胸無成竹」的說法，一時嘩然。

鄭板橋在一幅《墨竹圖》中是這麼解釋的：「未畫以前，胸中無一竹；既畫以後，胸中不留一竹。」他的意思是，首先仔細觀察要畫的事物，這時看到的是眼中之竹；然後要消化、理解看到的事物，在心裏構想出它的形象，這是胸中之竹；最後「散而為枝，展而為葉」，將眼中之竹與胸中之竹用技法表現出來，落到紙面，這是手中之竹。這就是著名的畫竹三段論。這樣的竹子不再是自然中的竹子，而是經過藝術提煉創造出來的新事物。

鄭板橋還以唐代大畫家韓幹畫御馬為例，說韓幹以十萬匹御馬為師，自己則是以後院中的十萬竿竹子為師。可見，無論是胸有成竹還是胸無成竹，都是以自然為師，這也就是人們常說的「師造化」，只不過鄭板橋把文同的觀點又往前推進了一大步。

（左）　《墨竹圖》　清代　鄭板橋
134.5cm×64.5cm　安徽省博物館藏

（右）　《墨竹圖》　北宋　文同
131.6cm×105.4cm　台北「故宮博物院」藏

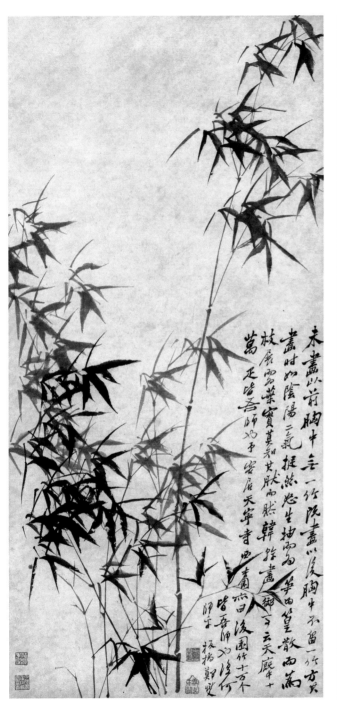

# 清簡小詩

說完畫，再說詩。

當時大多文人寫的詩，大多是比較酸腐、虛浮、豔麗的，或是歌功頌德、冠冕堂皇的，既不優美，也沒有趣味。鄭板橋寫詩卻反其道而行之。這也成了他的一「怪」。他寫的是甚麼樣的詩呢？

鄭板橋小時候先是跟隨父親讀書，八九歲就開始作文聯對，十幾歲時跟着家鄉的先輩陸種園先生學填詞。這位陸先生出身寒門，卻十分有才氣、有志氣，他常寫當地景物風俗，有濃郁的生活氣息，別有一種質樸素雅的情調。陸先生曾寫過一首《憶江南》：「清明節，不異峭寒時。燕子來比前日早，梨花開較去年遲，閉門雨絲絲。」 你看，這首詞用詞簡樸，朗朗上口，彷彿能親身體會到清明雨絲的沁人清涼。

鄭板橋特別敬仰這位老師，受陸先生的影響，他

《蘭竹菊圖》　清代　鄭板橋
116cm×55cm　濟南市博物館藏

畫中題詩：「蘭梅竹菊四名家，但少春風第一花。寄與東君諸子弟，好將文事奪天葩。」借此來鼓勵子弟讀書上進。

《蘭竹菊圖》局部

的詩作也特別平易近人，充滿生活氣息。他曾模仿老師，寫過一首關於端午節的詞《憶江南》：「端陽節，正為嘴頭忙。香粽剝開三面綠，濃茶斟得一杯黃，兩碟白洋糖。」喝着熱茶，吃着香甜的粽子，生活簡單清苦，可粗茶淡飯卻是觸手可及的踏實快樂。

鄭板橋也常在他的畫上題詩，這些題畫詩與清簡的畫面相互應和，意味深長，可謂「畫不足而題足之，畫無聲而詩聲之」。

# 亂石鋪街的
# 六分半書

　　鄭板橋被認為是詩、書、畫三絕，那除了繪畫和詩文，他的書法又是甚麼樣子的呢？

　　鄭板橋的書法比他的繪畫更有個性，更「怪」。鄭板橋早年練字時特別刻苦，據說一次他揣摩字體的結構入了迷，隨手在妻子背上劃來劃去。妻子不高興地說：「你有你的體（身體），我有我的體，你在人家的體上劃甚麼？」無意間的一句話卻讓鄭板橋恍然大悟：不能老在別人的字體上重覆來重覆去，還是要遵循個人的性情，另闢蹊徑，才能自成一家呀！他的書體以隸書為基，又糅合了楷書、行書、篆書、草書等其他書體特點。古人把隸書稱為「八分書」，鄭板橋則詼諧地稱自己寫的是「六分半書」。

《五言詩》　清代　鄭板橋
141cm×72cm　遼寧省博物館藏

他的書法還融入了繪畫的方法，字體造型誇張，文字的大小、寬窄、疏密隨機佈置，看起來東倒西歪，實則錯落有致、別有韻味，被後人戲稱為「亂石鋪街」。

鄭板橋的畫中，文字常常是畫的一部分，或題在竹枝之間，與畫連成一片；或題在蘭花叢中，襯托得花更繁、葉更茂。在《仿文同竹石圖》這幅畫裏，他乾脆把「亂石鋪街」鋪到石壁上，比單純用皴法表現山石的做法更多了一分遊戲的趣味。

《仿文同竹石圖》　清代　鄭板橋
208.1cm×107cm　故宮博物院藏

# 第四章

# 畫家二三事

若是只看到作品表面的「怪」，可就太小瞧鄭板橋了。鄭板橋的「怪」，除了詩書畫的表達形式，根源在於其秉持氣節、不流於世俗的個人品質。這些「怪」裏不乏真誠、幽默，甚至辛辣。當然，這個出了名的「怪人」，做的好玩的怪事也不少，雖然大多數是不能證實的民間傳言，但仍能從中看出他的真性情。我們不妨挑幾個故事來看看。

# 一枝一葉總關情

乾隆七年（1742年）春天，鄭板橋接到任命，前往山東范縣（今歸屬河南）擔任縣令。范縣人口較少，縣城裏只有四五十戶人家。幾間破草屋就是縣衙，常來光顧的只是鄰家的幾隻大公雞。民風淳樸，人們倒也安居樂業。鄭板橋到任後，四處考察民情，盡量不打擾、影響百姓的農作。

後來鄭板橋調任濰縣。濰縣規模較大，他要處理的問題也變得複雜了。這段時間，濰縣乾旱、疫病、水患等災情不斷，縣裏的鄉紳富戶還處處找麻煩。一個鄉紳門下的惡奴砸了小販們的攤位，反而惡人先告狀，跑到衙門說是門口的青石幹的。鄭板橋意識到這是有人故意為難他，於是一本正經地審問青石。青石自然不會開口，鄭板橋佯裝大怒，命衙役們打它四十大板。惡奴們哄堂大笑，說，青石沒嘴沒腿，又不是活人，怎麼會說話？鄭板橋呵斥道：「既然知道青石沒嘴沒腿，那它怎麼能踢翻小販的攤子？」於是下令把惡奴們重重打了四十大板。從此，橫行鄉里的豪紳們再也不敢隨意招惹這位縣太爺了。

據說鄭板橋的頂頭上司、山東巡撫曾索求書畫，他就畫了拿手的竹子，並在上面題詩一首：「衙齋臥聽蕭蕭竹，疑是民間疾苦聲。些小吾曹州縣吏，一枝一葉總關情。」寥寥幾筆竹葉的背後，是他對民生疾苦的關心。「揚州八怪」之中，鄭板橋在民間的名氣最大，這「一枝一葉總關情」的溫情與體恤自然是最重要的原因。

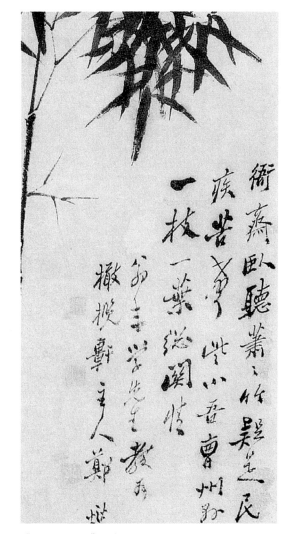

《衙齋聽竹圖》局部

《衙齋聽竹圖》　清代　鄭板橋
187cm×97cm　徐悲鴻紀念館藏

# 賣畫揚州，與李同老

　　鄭板橋曾說他的理想是「賣畫揚州，與李同老」，這個「李」指的就是好友兼同鄉李鱓（粵：善五聲｜普：shàn）。李鱓出身於名門望族，年少時就才華出眾，二十多歲就考上舉人，後來還找機會向在熱河行宮避暑的康熙皇帝獻上詩與畫，受到康熙皇帝的賞識，被招入內廷，學習宮廷繪畫。

　　李鱓晚年時逐漸擺脫宮廷畫風的束縛，畫面中更多了幾分野逸閒散，最終躋身「揚州八怪」之列。他與鄭板橋的詩文有異曲同工之妙，總愛畫生活裏的尋常事物——蘿蔔、白菜、枇杷、荔枝，還有草叢裏的蟈蟈、籬笆上的牽牛花，個個鮮活而生動。

　　李鱓雖然比鄭板橋大七歲，又是早年成名，卻一點兒也沒有老大哥的架子，與鄭板橋相交甚篤。鄭板

《花卉冊》之《豆角與螞蚱》局部　清代　李鱓
美國弗利爾美術館藏

橋辭官回家時，把自己的俸銀都拿去賑濟災民了，兩袖清風，一點兒積蓄都沒有，就寄住在李鱓家的一處別院。兩人常常切磋畫藝，一起往來揚州賣畫，鄭板橋「與李同老」的理想，終於在晚年實現了。

《花卉冊》之《蘿蔔》　清代　李鱓
23.8cm×29.8cm　美國弗利爾美術館藏

搜求直稿聞時彩排
列煮支一把連若說
市見論畫價無青
只值一文
錢囊
堂

# 難得糊塗

據說鄭板橋在山東濰縣任職時，有一次到萊州雲峰山去，夜晚借住在山間一位老人家中。老人自稱是「荒村野叟糊塗之人」，與鄭板橋相談投契。老人有一塊特別大的硯台，他請鄭板橋留下墨寶，以便刻在硯台上。鄭板橋欣然落筆，寫下「難得糊塗」四個大字，並蓋上了自己的印章「康熙秀才、雍正舉人、乾隆進士」。

鄭板橋見硯台很大，便又請老人題寫一段跋語。老人提筆寫道：「得美石難，得頑石尤難，由美石轉入頑石更難。美於中，頑於外，藏野人之廬，不入富貴之門也。」寫完也蓋了枚印章：「院試第一，鄉試第二，殿試第三。」鄭板橋大驚，這才知道原來老人並非普通鄉野村夫，頓生敬仰之心，於是又提筆補寫：「聰明難，糊塗難，由聰明而轉入糊塗更難。放一着，退一步，當下心安，非圖後來福報也。」兩人相視大笑。

鄭板橋說的「糊塗」，並非昏庸不懂事理，而是看透世情之後的大智慧。這四個字一經傳開，便受到大家的追捧，被製成拓片、印章等，廣為流傳，使得鄭板橋的名氣更大了。

《難得糊塗》拓片　清代　鄭板橋　濰坊市博物館藏

# 板橋潤格

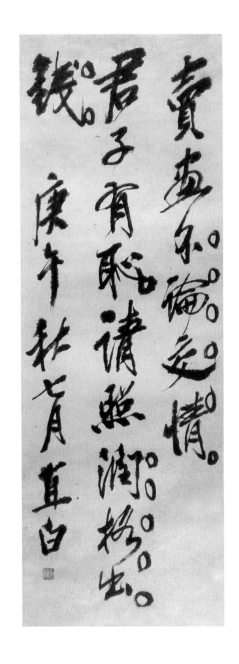

鄭板橋辭官回鄉的消息很快傳遍江南，捧着銀子上門求畫的人很多。但那些為富不仁的鄉紳，或是假裝愛好書畫實則貪得無厭的人，鄭板橋是不願結交的。據說有一次，鄭板橋經不起多方求情，終於勉為其難地答應為一個富紳作畫。富紳貪得無厭，竟拿了一整匹白絹來，要求鄭板橋將長長的白絹畫完。鄭板橋沒說甚麼，收下了酬金。等富紳按約定的時間取回了畫卷，滿心希望能得到一幅絕世長卷，然而他看到的卻是，左下角一個小人兒，手握一根長線，長線向右邊的天空延伸過去，一直延伸到畫卷的盡頭，那裏有一隻極小的風箏。富紳哭笑不得，卻無可奈何。

為了免去索畫和討價還價的煩擾，鄭板橋乾脆寫了一張《板橋潤格》，上書：「大幅六兩，中幅四兩，小幅二兩，條幅對聯一兩，扇子斗方五錢。」潤格，就是報酬標準。中國傳統文人畫家往往羞於談錢，這樣大大方方地定出潤格賣畫的，鄭板橋可算是第一

《草蟲冊》之《蝦》　近現代　齊白石
35cm×34.5cm　藏地不詳

人。他還在後面補充道：「凡送禮物食物，總不如白銀為妙。公之所送，未必弟之所好也。送現銀則心中喜樂，書畫皆佳。」末尾落款是「拙公和尚屬（囑）書謝客」，說這是拙公和尚給我出的主意啊，有意見就去找他吧！真是率性俏皮。

後世也有一位特別可愛的畫家，為了不多費口舌，把作畫換錢說得明明白白，他就是齊白石。齊白石多次寫字條貼在自家門上，表明賣畫態度，其中一條寫道：「賣畫不論交情。君子有恥，請照潤格出錢。」這就是大藝術家的真性情。

《草蟲冊》之一　近現代　齊白石　26cm×18.5cm　藏地不詳

《花鳥冊》之一　近現代　齊白石　27×20cm　藏地不詳

第五章

# 知道更多：
# 揚州八怪

無論是揚州畫派還是「揚州八怪」，指的都是一個居住在揚州地區的藝術家群體。作為一個怪才，鄭板橋並不孤單，他身邊少不了志同道合的「怪人」。前面簡單提到，這些怪人各有各的面目，但也有不少相通相似之處，所以能形成藝術群體而被人們廣泛關注。下面，我們就來一一認識下這些怪人。

# 怪人不怪

相較傳統的文人畫家，「揚州八怪」兼容並蓄又獨樹一幟，互為好友，常在一起唱和切磋，互相學習，又各自發展出獨特的風格。他們以賣畫為生，作品受買主的要求影響，更貼近市民生活。

這一時期，揚州聚集了眾多的文人畫家，因此「揚州八怪」到底是哪八個人，繪畫史上說法並不一致。通常的說法是，除了前面講過的鄭板橋和李鱓，還有汪士慎、金農、李方膺、羅聘、高翔和黃慎六人。

「揚州八怪」究竟「怪」在哪裏呢？

從創作題材上看，他們要麼醉心於某種事物，執着於畫它們，比如鄭板橋的蘭竹，汪士慎的梅花，羅聘的鬼怪；要麼事事皆能入畫，比如李鱓的瓜果蔬菜。

從藝術成就上來說，他們多有創新，比如鄭板橋發展出亂石鋪街一般的「六分半書」，金農獨創了漆書。

而他們更為人們所津津樂道的「怪」，更多體現在為人處世上。他們做官時不逢迎上級，不巴結富豪鄉紳；賣畫交友也常常很隨性，遇到貧窮的善良人可以作畫相送，欺壓百姓的貪官污吏卻千金難買一畫。

由此看來，所謂的「怪」，並非「新奇怪異」的意思，其實是面對當時正統復古的畫風，面對陰暗混亂的官場，面對欺壓弱小的社會，而表現出的難能可貴的正氣和真性情，也難怪「八怪」一直到現在都讓人念念不忘，津津樂道。

# 三朝老民

《墨戲圖冊十二開》之《摹北宋意》　清代　金農
28.6cm×23.8cm　美國大都會藝術博物館藏

「揚州八怪」中的「大怪」，叫金農。和鄭板橋的「康熙秀才、雍正舉人、乾隆進士」相反，金農雖然也生活在這三朝，卻從沒當過官，所以他給自己起了個閒號叫「三朝老民」。

金農出生在浙江杭州，青年時就以詩詞才華聞名，還有人曾出資給他刻印了一本詩集《景申集》。金農酷愛旅遊，在那個交通不便的時代，他的足跡就遍及半個中國。有意思的是他還組織好友們成立了一個「旅行團」，裏面的人都有一技之長，有擅長刻硯的，有精通樂器的，有特別會畫墨竹的……每到一個地方，他們就地各自發揮才藝，掙了錢就作為團隊的遊覽資費。有人評價金農的藝術成就當居「揚州八怪」之首。這或許與他廣泛遊歷、汲取了四方之精華有關吧！

直到六十多歲，金農才安定下來，居住在揚州作畫賣畫。初來乍到，畫作一時未被接受，好在有一群熱心的好朋友幫忙，境況才稍稍好轉。

金農最「怪」之處在於他在書法上的創新，他融合隸書和楷書，寫出來的字方頭方腦，就像是用漆刷刷出來的一樣，被稱為「漆書」。「揚州八怪」的畫作上面多有題詩，金農也不例外。他的題畫詩佈局靈活，常常佔據畫面的很大部分，因此也被叫作「金長題」。

# 梅花二友

梅、蘭、竹、菊，被稱為「四君子」，是歷代畫家喜愛的題材。「揚州八怪」作為文人畫家的代表，幾乎人人筆下都有「四君子」的身影。而梅花不畏嚴寒、獨自綻放的傲骨氣節，更是受到大家的青睞。

八人之中，最愛梅花的當屬汪士慎了。汪士慎說他一生有兩大愛好，就是梅花和茶。他可以一天不吃飯，卻不能不喝茶，被朋友們稱作「茶仙」。汪士慎筆下的梅花，枝幹遒勁，就像他清苦而多磨難的一生。五十多歲時，汪士慎左眼失明，他給自己刻了一枚印章「尚留一目着花梢」，一旦晴天光線好，就趕緊畫鍾愛的梅花。晚年雙目失明後，就每天在樹下聞着梅香，喝着苦茶。

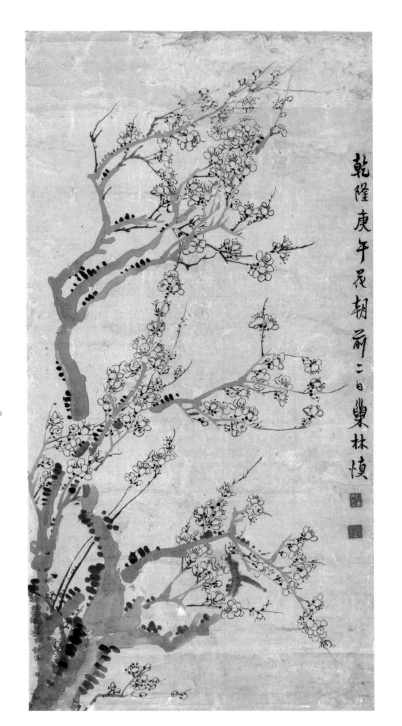

《梅花圖》　清代　汪士慎
89.6cm×47.3cm　南京博物院藏

另一位熱衷畫梅花的就是高翔。高翔和「四僧」之一的石濤是鄰居，高翔年少時常去石濤家裏玩，兩人成為忘年之交。高翔的鄰居裏還有一對兄弟——馬曰琯、馬曰璐。馬氏兄弟的住所小玲瓏山館聚集了眾多的文人雅士，高翔也經常受邀前往，並結識了許多書畫好友，其中就有汪士慎。

汪士慎的梅花枝繁花茂，高翔的梅花則舒朗秀逸，兩人被合稱為「梅花二友」。

一次，小玲瓏山館要繪製牀榻周圍的牀帳，邀請汪士慎和高翔同畫，兩人在輕薄的螺紋紙上共同繪製了一套梅花紙帳。據說人們在這套梅花帳圍着的牀榻上休憩，都能聞到梅花散逸的清香呢！

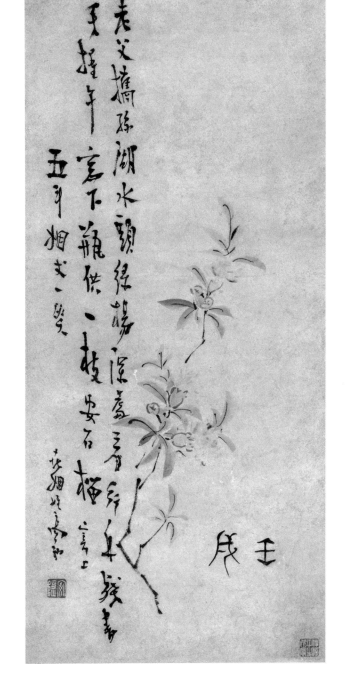

《折枝榴花圖》　清代　高翔
53.4cm×24.5cm　南京博物院藏

# 奮志為官，努力作畫

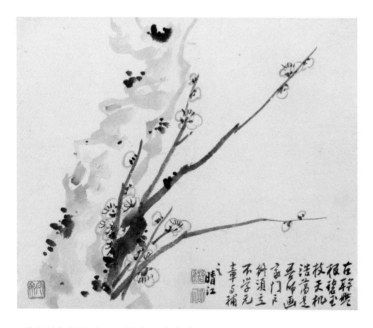

《梅花》冊頁之一　清代　李方膺
22cm×28cm　私人收藏

　　「奮志為官，努力作畫」，是二十一歲的李方膺給自己定下的人生目標。李方膺先後出任過樂安知縣、蘭山知縣、潛山知縣，還代理過滁州知州。他的父親是一位耿直清廉的官員，李方膺從小耳濡目染，立志要做善待百姓的好官。和鄭板橋一樣，他也因此得罪了貪污受賄、搜刮民脂民膏的上級，最終被罷了官。於是，他回到家鄉，開始實踐「努力作畫」。

　　李方膺也特別愛梅，他的好友、文學家袁枚在《隨園詩話》中寫道，李方膺代理滁州知州時，一上任就先問宋代歐陽修親手種植的梅花在哪裏，得知在醉翁亭，就立即趕過去，拜伏在地。李方膺常在梅花圖上蓋一枚刻着「平生知己」四字的印章，可見鍾愛之情。

　　「揚州八怪」也不全是畫花鳥畫的，還有一位傑出的人物畫畫家——黃慎。黃慎小時候家境貧窮，

母親見他能把看到的東西畫得惟妙惟肖，就把他送到一個畫像高手那裏拜師，希望他能學一門養家糊口的手藝。黃慎特別勤奮，只用了一年多的時間就掌握了基本畫法和技巧。但他覺得自己只是一名畫匠，畫作缺乏內涵，於是轉而去學讀詩文，如飢似渴地沉浸在書海之中。

為了開闊眼界，黃慎離開家，四處遊歷，一邊飽覽風景名勝，一邊結交朋友，作畫作詩，就這樣積累了豐富的素材。等到他定居揚州時，已是詩、書、畫俱精的知名畫家了。

《和靖賞梅圖》局部　清代　黃慎　南京博物院藏

# 畫鬼高手

羅聘是「揚州八怪」中最年輕的一位。傳說有一天，羅聘在街上看到一位老者在賣燈籠，上面的畫極好，就把燈籠都買了，把燈籠紙揭下收藏起來。巧就巧在這位賣燈籠的老者正是金農，羅聘便從此拜金農為師，學習詩文書畫。

羅聘得到金農的真傳，進步很大，他善於觀察，各種事物都能入畫，人物、山水、花果、佛像，幾乎沒有不擅長的。他的妻子方婉儀以及他們的三位兒女，也都擅長丹青，尤其是畫梅花。有時買畫人要得

《鍾馗醉酒圖》局部　清代　羅聘　武漢博物館藏

急，一家人一起動手，就像同一人所畫，他們畫風相近，故被稱為「羅家梅派」。

羅聘有一點與別人不一樣，他的眼睛是藍色的。後來他以畫《鬼趣圖》而得名，所以有人傳言說藍眼睛可以看見鬼，有機會仔細觀摩，才能把鬼畫得惟妙惟肖。羅聘還說鬼都聚集在人多的地方，偏僻的郊野反而少見。羅聘畫鬼有個特點，他先把紙潤濕，再在濕紙上作畫，畫出來的鬼朦朦朧朧，有一種幽冷神秘的感覺。

其實鬼怪在中國繪畫作品中時有出現，宋末元初的龔開，就用一幅《中山出遊圖》長卷，畫出了鍾馗帶着小鬼們外出的生動場景。而在羅聘生活的年代，蒲松齡的《聊齋志異》已經流傳開，在文藝作品中談鬼也是一時潮流。

羅聘於 1799 年去世時已是嘉慶年間，近代繪畫即將登場，中國繪畫即將開啟新的篇章，那又是一片壯闊的新天地了。

《中山出遊圖》局部　元代　龔開　美國弗利爾美術館藏

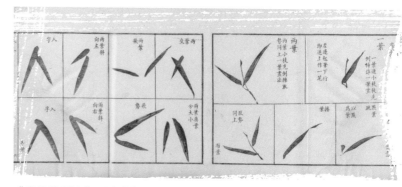
《寫竹簡明法》，清咸豐六年兩廣督署刊

# 第六章 藝術小連接

## 揚州二馬

揚州畫派興起的背後是江浙一帶經濟的繁榮，尤其與鹽業的發達及鹽商對文化藝術的支持有着密不可分的關係。這些鹽商中最知名的就是揚州二馬——馬曰琯、馬曰璐。

馬氏兄弟承繼祖業，在揚州經營鹽業，經濟實力雄厚，又都喜好收藏書畫。他們為人慷慨，常常對貧困潦倒的畫家們解囊相助。當時活躍於揚州一帶的書畫家、文學家，多與兩人有過往來。在馬家的小玲瓏山館中，經常聚集着一大批文藝界人士，他們詩文唱和，筆墨切磋，催生了許多佳作。

《九日行庵文宴圖》中就描繪了馬氏兄弟與眾人雅集的情景。

《九日行庵文宴圖》局部　清代　葉芳林
美國克利夫蘭藝術博物館藏

## 竹　譜

古人學畫，除了師徒傳授，也有一種教材，那就是畫譜。早在宋代就有了木刻版的《梅花喜神譜》。而流傳最為廣泛、影響最為深遠的，當屬清代沈因伯主編的《芥子園畫傳》了。其後兩百多年，幾乎每個學中國畫的人，都學習過這套畫譜。

「梅譜」「竹譜」等，是以梅蘭竹菊的畫法為內容的範本，在專題性畫譜中較受歡迎的。早期的「竹譜」，多是園藝植物著作。作為畫譜的「竹譜」，則從元代開始大量出現。

李衎（粵：看｜普：kàn）的《竹譜詳錄》，分竹譜、墨竹譜、竹志譜、竹品譜四個部分，列舉了竹子在不同天氣、環境之下的不同形態和畫法。清代蔣和編繪的《寫竹簡明法》，則按畫竹的學習順序，畫了大量的示範圖，還摘錄了前人關於畫竹的語錄，為初學者提供指導。

## 點苔

　　勾、皴（粵：春｜普：cūn）、擦、點、染是中國山水畫的基本技法。點苔，是指用毛筆畫出濃淡不一的墨點，以表現山石、遠樹，或是灌木、雜草等。點苔是在皴法基礎上發展起來的，五代的董源，為了表現江南林木繁茂、雲煙迷濛的景致，大量用點來運筆，從而使點苔成為一種正式的繪畫技法。

　　點苔要求用筆輕靈，如蜻蜓點水；用墨富於變化，得自然之趣。點的運用，有助於增加畫面的層次感。自然景象不同，山石樹木畫法也不同，點法與皴法都需要適應具體的描摹對象。清代石濤更是認為點法不僅能豐富畫面，還能增強情感表達，渲染畫面氣氛，將點苔之於繪畫的功用和地位又提升了一個層次。

《青卞隱居圖》局部　元代　王蒙
上海博物館藏

《梅石圖》局部　明代　陳洪綬
故宮博物院藏

## 蘇東坡與怪石

　　自古以來，中國的文人墨客便熱衷於搜求、賞玩奇石。宋徽宗設「花石綱」，舉全國之力搜尋奇石，完全不顧民怨鼎沸。米芾（粵：佛｜普：fú）見到奇特的石頭，竟會穿戴上官衣官帽，手執笏（粵：忽｜普：hù）板跪地下拜，還稱怪石為「石兄」。

　　宋代大文豪蘇東坡也十分痴迷怪石，他收藏了許多石頭，還給它們起了名字，如「天硯石」「雪浪石」「小蓮菜」等。他有一篇《詠怪石》，用欲揚先抑、託物言志的手法，論述了怪石有別於庸人、常人的高貴氣概。

　　蘇東坡在評價好友文同的《梅竹石圖》時說：「梅寒而秀，竹瘦而壽，石文而醜，是為三益之友。」他用一個「醜」字道盡奇石的千姿百態，開創了「醜石說」，對後世賞石和畫石都有很大影響。

# 第七章　漏印工坊

創作形式：漏印
準備材料：白色卡紙、黑色卡紙、水粉筆、
刻刀、顏料盒、海綿、水粉顏料等

 用鉛筆在黑色卡紙上隨意地畫一些大小不同的
竹葉。

**2** 用刻刀把剛剛畫的竹葉刻出來，操作的時候請格外
小心，避免傷到手指。現在我們能得到一張有鏤空
竹葉的黑卡紙。

另取一張白色卡紙，用水粉筆在白色卡紙上畫出幾根竹竿，注意要高低錯落、遮擋前後。

將刻好的黑色卡紙的竹葉對準竹竿連接處，用海綿蘸取綠色顏料塗抹在黑卡紙的鏤空處，就會在下面的白卡紙上出現一片竹葉。多次漏印，注意竹葉的外形以及顏色變化。

完成！

**參考書目**

楊櫻林、黃幼鈞，《中國書畫名家畫語圖解：鄭板橋》，北京：中國人民大學出版社，2006 年。

曹勝高，《詩畫人生：從王維到鄭板橋》，山東：濟南出版社，2008 年。

鄭板橋，《鄭板橋書畫集》，北京：中國民族攝影藝術出版社，2003 年。

寧志忠，《一枝一葉總關情——揚州八怪》，北京：中華工商聯合出版社，2015 年。

張敢，《寫給孩子的藝術史——揚州八怪》，山東：山東美術出版社，2017 年。

**參考論文**

單國強，《鄭燮生平與藝術》，《榮寶齋》2005 年 02 期。

高秀明，《鄭板橋的仕途生涯對其繪畫藝術的影響》，揚州大學碩士學位論文，2014 年。

（本書「漏印工坊」，由北京啟源美術教育原慶、季書仙、江亞東設計並製作。）